水仙花雕艺欣赏

主编
黄君卫　施德勇

上海科学技术文献出版社

图书在版编目(CIP)数据

水仙花雕艺欣赏 / 黄君卫等主编. ——上海:上海科学技术文献出版社,2011.1

ISBN 978-7-5439-4492-3

Ⅰ.①水… Ⅱ.①黄… Ⅲ.①水仙—造型(艺术) Ⅳ.①S682.2

中国版本图书馆CIP数据核字(2010)第169423号

责任编辑:谭 燕

封面设计:许 菲

水仙花雕艺欣赏

主编 黄君卫 施德勇

*

上海科学技术文献出版社出版发行

(上海市长乐路746号 邮政编码 200040)

全 国 新 华 书 店 经 销

上海海图图书印刷厂印刷

*

开本 787X1092 1/24 印张 4

2011年1月第1版 2011年6月第2次印刷

ISBN 978-7-5439-4492-3

定价:25.00元

http://www.sstlp.com

序

水仙是中国人最喜爱的传统花卉之一，至今已有1 300多年的栽培历史。从唐代起，宫廷栽培水仙已有记载，如单瓣水仙称之为“金盏银台”。到了宋代又有了被称为“玉玲珑”的重瓣水仙。

近年来，随着我国改革开放的不断深化。中国的水仙花已名扬世界，被誉为中国十大名花之一，并被人们普遍尊称为“凌波仙子”。水仙花叶色清秀，花朵芳香素雅，每当寒冬到来，很多老百姓喜欢在居室摆放着水仙，人民大会堂外宾接待厅同样也摆放着水仙。因为它可使满屋香气四溢，春意盎然。

十多年前，《中国花卉盆景》杂志应广大读者的要求，邀请漳州的施德勇先生拍摄了一组水仙花造型“金鸡系列”。如“金鸡喜迎春”“金鸡报春人增寿”“雄鸡一鸣天下白”“闻鸡起舞”……由于这些作品惟妙惟肖，形象逼真，动感很强，深受读者的欢迎，爱好各种水仙雕刻的读者还提出了一些具体问题，要求解答。其中最集中的疑难问题是：水仙花经过雕刻造型之后其花的清香味淡了怎么办？为了解答读者的问题我们同时发表了宁波作者贵夫的文章："如何使水仙叶美花更香"。贵夫认为：花期的长短和花香，均与水仙被割的创面大小及茎汁流失多少有关。于是提出了"局部诱割法"，意为边割边引诱其生长，分次分日地将压着花芽、使日益膨胀的鳞茎(外皮)顺势划破(但不是一次割掉)，下刀深度以不损伤叶和花苞为宜。这样既保持了整体剖割的一样，而且到第二年照样抽叶扩株，第三年依旧抽穗开花。

我由衷地祝愿：在祖国各地和世界各地处处都有水仙的花香，让不同种族不同肤色的外国朋友也能闻到水仙的芳香，欣赏到水仙奇特的造型艺术。

我更祝愿黄君卫、施德勇先生主编的《水仙花雕艺欣赏》一书的出版，能给广大读者带来水仙花造型艺术美的享受。

(苏本一：《中国花卉盆景》杂志社社长兼总编辑)

2009.12

目　录

孫年
花詩

一、“凌波仙子”展姿容

群芳竞秀

双丽并妍

中国水仙倩影

花篮迎春

单、重瓣水仙
(左：金盏银台
右：玉玲珑)

▲ 一枝开出两种花

凌波仙子(雕塑) ▲

▲ 玉莲映趣

金盏银台 ▶

◀ 献给母亲

二、水仙盆景赏析基础知识

1. 观花观叶

优美的花、叶，清香宜人，在水仙盆景的观赏中占主要地位。其花，形如盏状，似银色的盘子烘托一个金黄的玉杯；似盛开的百褶裙点缀着宝石的玉玲珑，幽雅娇秀。葱翠碧绿的叶片，袅袅娜娜，缃衣缥裙，花香叶茂，高雅绝俗。

蟹爪水仙(双头)

吊篮

▼ 三层水仙塔

▲ 水仙礼品盆花

2. 观根

清水高瓶供养，根系如银丝，晶莹通透，纤尘不染，洁白如雪，如美髯银丝之飘逸，或放在山石盆景上，如瀑布飞泻，“飞流直下三千尺”，象征着长寿、吉祥如意。

◀ 对花琴韵

根深花茂 ▲

▲ 驼峰挂瀑

色映芙蓉万谷青

3. 观鳞片

鳞茎球是由一层层的鳞片包裹而成球，显乳白色，洁白晶莹，故称“素鳞”，可加工成各种造型，如芙蓉（出水芙蓉）、螃蟹（瑞年花蟹）或大型的象（椰风春色）等。

玉芙蓉

出水宝莲

瑞年花蟹

4. 观鳞茎

鳞茎的观赏价值很高，如茶壶、大象、桃李、葫芦的水仙造型，色泽雪白晶莹、光洁可爱、纹理丰富，可与水仙的花、叶、根整体观赏、韵味无穷。

桃李争春 ▲

月夜象归 ▶

葫芦献瑞迎春归

椰风春色

染色水仙(果绿)

染色水仙(胭脂红)

染色水仙(五彩缤纷)

另外,水仙花还可进行染色,提高观赏价值。具体做法是:用凉开水将食用添加剂胭脂红、果绿、日落黄、柠檬黄等分别泡制成液,将刚开放的水仙花枝插入液中,16—24小时后即可将花朵染上,然后将染上颜色的花枝再与未染色的水仙花枝混合插在一起,即成一盆五颜六色、五彩缤纷的水仙盆花(也可插入杯中观赏)。

如系培养的水仙球盆花,可在花苞破裂临开花时,用医用注射器往花梗中间适量注射。如每支花梗注射一种色液,染出的花便会五彩缤纷,提高观赏价值。

三、水仙花雕刻实例

（一）象形篇

用水仙花头雕刻成各种形态如花篮、茶壶、芙蓉、葫芦、桃李或动物等，并把这些动物的形象艺术化，使之与自然生态环境，与人类的生活环境、活动很好地融合在一起，以再现人类对自然环境、生态环境保护意识的提高，也使得它们有着自己的乐土、自由的天地繁衍生息，那些精雕细刻、惟妙惟肖的动物造型，显得那样活泼可爱，那样悠然自得，它们或闲庭信步、觅食，或谈情说爱、吭歌迎春。天造尤物的水仙，经大师的神雕之手，一个个变得如此生动、传神，活现天地精灵，向人们友好地迎来。

让我们一起走进这“水仙造型世界”，去看看那里的大象、公鸡、凤凰、仙鹤、玉鹅、金鱼、鸳鸯、孔雀、祥鸟……

▲ 金鱼戏水

▲ 金鱼游春

双鱼戏水

碧波玉鹅

水上游鹅

▲ 鹅趣

▲ 春江水暖

白鹤风姿

茗香溢壶

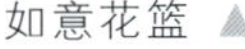

如意花篮 ▲　▲ 水仙花篮

▲ 贺岁

▲ 花篮献瑞

喜庆花篮 ▲

▲ 花篮祝寿

▲ 迎宾花篮

◀ 招朋引伴（或望月）

◀ 金鸡起舞

▲ 雄鸡司晨

▲ 一唱天下白

◀ 回眸

金鸡献瑞 ▲

▲ 报晓

▲ 仕女伴金鸡

金鸡报春 ▲

双鸡报丰年 ▲

▲ 蜻蜓恋花

◀ 玉鸟报翠

▲ 金猴迎春

▲ 孔雀开屏喜迎春

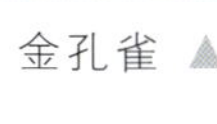

金孔雀 ▲

▲ 开屏炫倩

凤求凰(或鸾凤和鸣)

▲ 玉鸟鸣春

▲ 志同道合或姐妹同春

蟠桃献寿

花香醉老翁 ▲

◀ 玉葫芦

◀ 宝葫芦

逸翁戏鱼

凌波驮宝

玉象驮宝

月夜象归

南国风情

双象贺春

花篮献寿

◀金凤呈祥

▼壶上添花

陆羽品茗

陆羽品茗

水仙雕刻家采用“掏心法”将选取的水仙花头雕刻成茶壶，再摆上一个老翁配件与这把茶壶（花壶）对饮。你看，老翁见到花壶，就闻到香味，仅喝了数杯便有醉意：正似李白醉酒而老翁醉茶、醉花。

这水仙茶壶造型逼真、精巧、雅致，壶盖上还长花，质洁、色贞、香醇、味芳、韵雅俱全，好奇异的茶壶啊！有人或许会问，奇在何方？其奇就奇在雕刻难度大，能控制壶盖上的花从壶里长出来，要知道这并非插花。

葫芦献瑞迎春归

水仙雕刻家采用背刻法雕刻的葫芦，花从背面长出，从而保护观赏面鳞茎的完好。

葫芦，令人想到我国古代神话八仙过海中铁拐李背着一个大酒葫芦；联想到八仙神仙又是如何各显神通，凭自家法宝，施法漂渡东海。

人们把葫芦喻为吉祥之物，结上红绸，喜事临门之兆。

▲ 葫芦献瑞迎春归

桃李满天下

这是采用背刻法雕刻的“桃李”，花、叶从背后长出。桃李，意为“桃李满天下”。桃李果实遍布天下，以比喻所培养教育的后辈、学生很多，优秀人才遍布天下。当今，科学发展，人才辈出，已是“青出于蓝而胜于蓝”的新时代。

▲ 桃李满天下

碧波玉鹅

碧波玉鹅

鹅的祖先是雁(雁是终身一夫一妻的楷模)。古代父母为儿子订婚,总要用一对鹅作为聘礼,象征夫妻和睦恩爱,百年偕老。

鹅、鹅、鹅,曲项向天歌;白毛浮绿水,红掌拨青波。

这是初唐诗人骆宾王七岁时的一首咏鹅诗。

你看,这只用水仙花头雕刻的玉鹅,“曲项向天歌”,浮游在碧波绿水上。它那有劲、鲜艳的红掌奋力地拨动着青波,迎着春风向前游。胸前的水仙白根正似碧波上的水花,身上的花朵也转向了背后,形成了动感姿态。

椰风春色

椰风春色

水仙雕刻艺术家采用背刻法雕刻出的逼真大象、象群，背上红绸条，驮着花(从背后长出的花)，配上山石椰树景，令人想到美丽的西双版纳和海南岛，想到迷人的南国热带风光，这里是植物、动物的王国，更激发人们对这片热土的留恋。

鼓浪屿之夜（九龙壁图案石配水仙雕刻“双鹤对歌”）

双鹤对歌

丹顶鹤是我国特产，也是长寿的象征。水仙球雕刻的白鹤千姿百态，可一只成景或两只、三只以上成景。有仰头朝天鸣叫，有低头觅食，有回头观望，也有远眺和互答、对歌。配置山石、松枝，以示“松鹤延年”。

翩翩起舞

孔雀是文禽，开屏时全身羽毛美丽绚烂，故被称为“天使的羽毛”。

水仙雕刻造型充分表现出孔雀的柔性美，栩栩如生，有较高的观赏价值。

翩翩起舞

金凤献瑞

金凤献瑞

凤凰为传说中的鸟王，雄称凤、雌称凰。丹凤站在高处，朝着东方，太阳初升的时候鸣叫，喻为吉祥征兆。

瑞年花蟹

横行、内空是螃蟹的特点，传说当年玉皇大帝要惩罚法海时，法海就是躲进螃蟹的肚子避难的。

这款水仙雕构思巧妙地充分利用了水仙的花、叶和鳞茎，将一只肥硕的大螃蟹活灵活现地呈现在人们面前。

瑞年花蟹

（二）情思篇

水仙花头不但可雕刻成金鱼、花篮、公鸡、大象、茶壶、凤凰、白鹤等象形作品，而且还可雕刻（或加上一些配件）创作出有抽象意味的情思作品，营造出各种趣味盎然的意境，表现丰富多彩的题材内涵。把水仙花头雕刻培育成盆，配上一只可爱的小鹿配件寓意“新年快乐”、“新春快乐”、“年年快乐”，因为在汉字上“鹿”与“乐”谐音。

将水仙花雕刻成两层花，可命名为“锦上添花”……

春花乐韵耀草原

将栽培后的“企头水仙”拼合为大背景，从中置入一配件马头，象征美丽的大草原，前面是弹唱起舞的倩女配件。通过这一画面，令人感受到辽阔的草原一派“天苍苍、野茫茫、风吹草低见牛羊”的牧区美丽风光。

这组水仙花雕让人仿佛听见远处传来脍炙人口的“草原之夜”，悠扬的马头琴声旋律深沉悠扬，饱含着塞外草原苍茫辽阔的情致。

春花乐韵耀草原

清水出芙蓉

“映日荷花别样红”。

荷花，又名水芙蓉，是我国的传统名花。亭亭玉立的荷花，在碧波荡漾的湖面上，像披着轻纱在湖上沐浴的仙女，含笑伫立。水仙花雕刻家也以此为艺术创作内容，把花头雕刻成生长在潭畔的芙蓉，然后莳养在清水盆碟中，借此抒发不染世俗之污秽，素净高洁如出水芙蓉的情操。

◀清水出芙蓉

笑迎春归

迎春赏花，仍人生最大乐趣，清芳幽雅、冰肌玉质，自尊自爱玉玲珑，一汪清水养清香，朴素得一尘不染；一茎数花扮靓春天，难得的妩媚高雅；看它亭亭玉立，在新春佳节悠然开放，是人见人爱的雅居上品。

笑迎春归▲

◀ 花好月圆

花好月圆

盛开花蕊的盆花，玲珑剔透，置上人物配件，如花般妩媚的倩女在观花，更显秀气。天上的月亮是圆的，这里的花儿是美的。人们常比喻美好、圆满的生活为“花好月圆”，并愿人人都能“花长好、人长健、月常圆”。

婀娜多姿

变换的花型，高低错落、曲直协调，轻盈柔美，相映成趣，给人以耳目一新的美感。

动感的花型，弯曲的绿叶犹如翩翩起舞的少女，舞姿优美。

▲ 婀娜多姿

（三）作品欣赏

新年快乐 ▲

凌波仙子 ▲

◀ 马到在功仙子笑

幽幽一曲仙子韵 ▶

迎春曲 ▲

春意盎然 ▲

▲ 春梦无痕

▲ 花枝俏

溢香盏 ▲

◀ 金盏银台出玉盆

清逸

一帆风顺

多姿水仙情

出类拔萃 ▲

玲珑秀气 ▲

喜结良缘

▲ 春花乐韵耀草原

花之梦

桃园三结义

天山牧歌

花团锦簇

争奇斗艳

花团锦簇

娇妍

春的呼唤

琵琶弹唱水仙韵

一枝独秀

华丽

满园春色关不住

恭喜发财

玲珑潇洒各有姿

花枝招展

春之曲

春色关不住

春风得意

花枝招展

◀ 流连忘返

▲ 亭亭玉立

▶ 人花醉

仙女闻香下凡尘

疑是云间垂秀来

金盏银台

麻姑献瑞

四、水仙花基本雕刻技法

水仙的自然花期为每年的12月至翌年3月中旬，掌握好雕刻时间，就可以使其依照人们的愿望，在预定期间内开放。

如让它在春节开放，以漳州为例，应在春节前24—26天进行雕刻。北方天气寒冷，需提早35—40天，北京为45天。

雕刻前要把花头上的根泥弃掉，再将枯根以及鳞茎球表面的棕色干鳞片剥除。

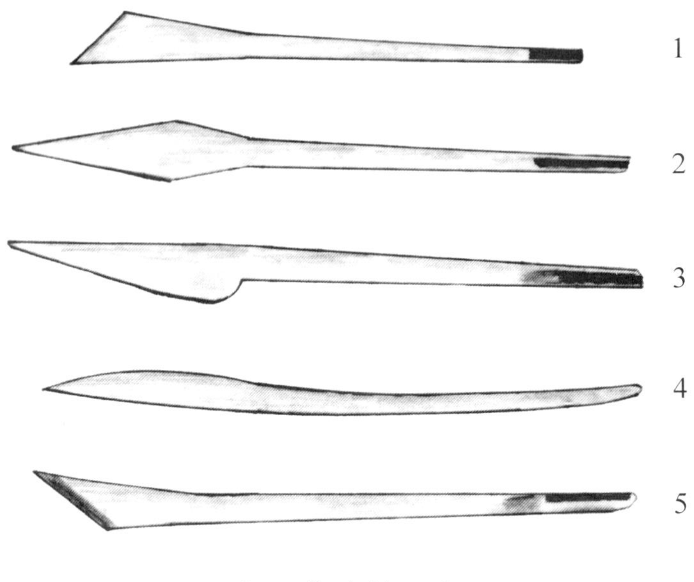

水仙花雕刻工具

可选择漳州传统水仙雕刻刀。(图1.斜口两用刀;2.尖口两用刀;3.传统水仙刀;以上均为碳钢雕刻刀;4、5为不锈钢雕刻刀)。以及医用小剪刀、尖嘴钳、镊子等。

1. 剥鳞茎片

左手握住花球(弯曲面对着自己),右手持雕刻刀,在距根基1厘米处横切一条弧线,把线上的鳞片逐层剥弃,至露出淡绿色芽体为止。然后,各芽体间的鳞片也剥削去部分,产生空隙,以便对叶苞片、叶片和花梗进行雕刻。留下叶芽后面的1/4鳞茎作为“后壁墙”以便养护。

2. 刻叶苞片

用雕刻刀将叶芽外面的叶苞片刮去,碰到弯曲或紧靠的叶芽,可用手指轻轻地拨开,再用刻刀将苞片刮破,露出叶芽为止。在雕刻过程中,一定不要碰伤花苞(叶芽中间有的也有花芽)。

3. 削叶缘

为使叶芽与花芽分开,便于削叶缘,可用手指从叶芽背后向前(或从叶芽顶端向下,稍加压力),然后再从空隙处进刀,从外层至内层,从上往下均匀地把叶缘削去1/3—1/2不等(可根据造型需要来确定叶片刮削的宽度)。因为,叶缘创伤的部位产生愈伤组织,生长缓慢,而没有创伤的生长正常,形成生长不平衡,并逐而向雕琢的方向卷曲,创伤度愈大、卷曲也愈大,呈现“蟹爪“状。

4. 雕花梗

花苞的下面称花梗,可用雕刻刀从上而下将花梗外皮削去1/4(可根据所需弯曲的方向刮花梗,它将向创伤面弯曲),如果要使花矮化,可用刻刀的刀尖往花梗的基部正中戳刺一下,或从底部用竹签刺入花梗的基部正中一下即可。

5. 多层花的刻法

可参考“雕花梗”一节。刮花梗上部创伤稍轻，使其生长中弯，卷度较小，花枝较高，可为上层花；创伤花梗中部，创伤中度，花梗生长中度弯曲，花枝中高，可为中层花；花梗基部创伤较重，花梗弯曲大，花枝较低，可为下层花。（参见P42图）

只要逐渐掌握以上的基本雕刻方法，多练、实践，就可熟能生巧、运用自如，做到举一反三，一通百通，要构造、雕刻各种各样的形象水仙盆景也就不难了。

另外，水仙花头在雕刻、水养过程中，可用利刀对鳞茎上的切面进行修整，保证伤口平整、光滑；叶、花梗有不满意的地方，还可以随时进行修整。

水仙花基本雕刻法步骤

净化后的水仙花球

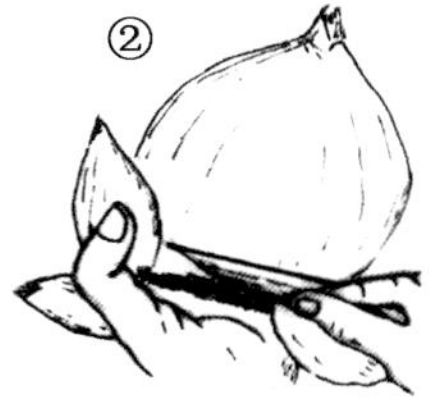

进刀

剥鳞茎片

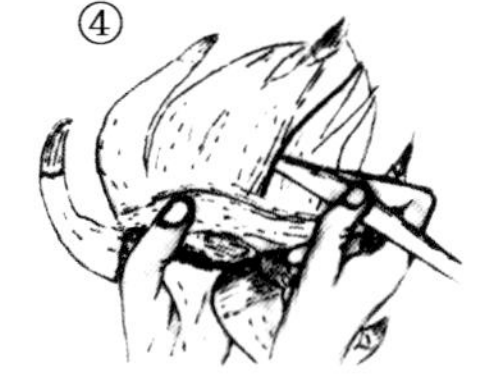

疏隙

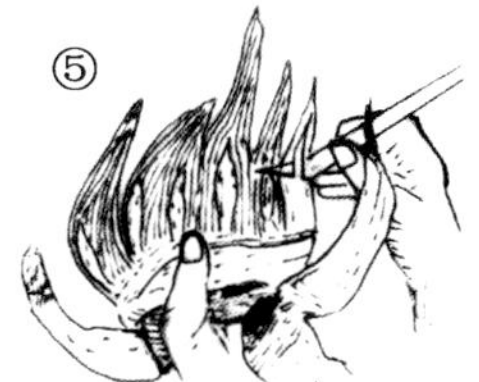

刻叶苞片

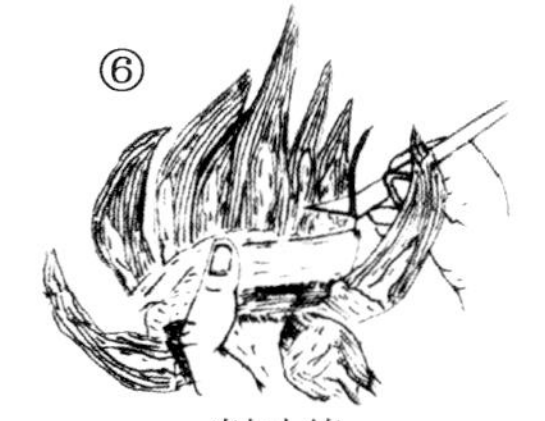

削叶缘

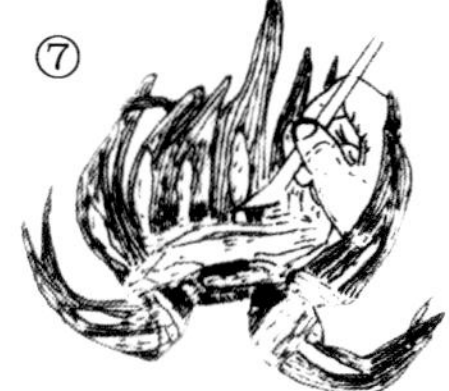

雕花梗

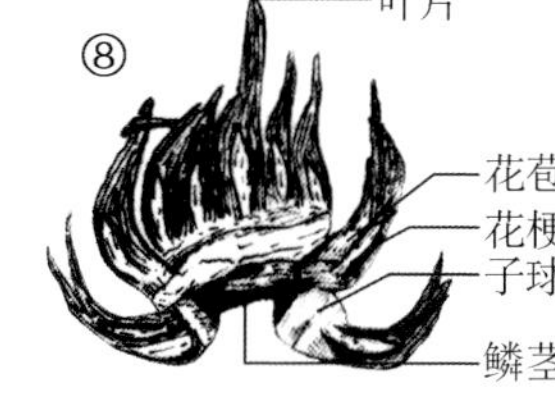

雕刻后的水仙花球

五、特殊雕刻法

1. 背刻法

为保护观赏面鳞茎的完好美观，如桃李、葫芦、大象等，需从花球的背面雕刻，但刻法与基本雕刻法相似。

2. 竖、斜刻法

多用于“企头水仙”的雕刻培养，主要目的是提早开花。

竖刻法是用力从鳞茎的顶端，主、侧芽之间，从上往下直切1—2厘米，割开鳞片；斜刻法是用刀从鳞茎顶端，以主芽为中心向左、右各斜刻一刀，形如“人”字，刻后的花头浸水1—2天，以便鳞茎的各芽体容易长出。

此法适于“孔雀开屏”的雕刻。

3. 横切法(周刻)

将主鳞茎距根盘1—1.5厘米处周刻上部的鳞片,以使各芽体全裸露,然后再将各芽体、叶片、花梗一前一后刮削,以使在水养过程中,叶片、花梗能按雕刻者意愿,前、后盘曲于根盘上,分布均匀、四周均可观赏。

此法多用于船、花篮、奖杯(距根盘1/2处周刻)等的雕刻。

4. 开窗法

在鳞茎观赏面的背面或侧面,于鳞茎顶部和根盘各约1厘米处各横切一刀,开出一梯形或腰鼓形窗口,从中剥弃鳞片,至露芽体,并按基本雕刻法雕刻各芽体,浸水24小时后进行水养生长,让叶、花从窗口弯曲长出,点缀鳞茎侧面。

此法用于葫芦、石榴花开、扁舟和螃蟹的大螯等的雕刻。

5. 掏心法

以茶壶雕刻为例,从鳞茎顶端1—1.5厘米处周刻作壶口,留露出的中心芽体,并用圆口刀从上往下逐挖掏鳞片,保留3—4层鳞片为墙体,可选留2—3个芽体按基本雕刻法进行雕刻,余可弃除。要注意保护花芽、叶芽,不伤及花苞,不刻破壶墙。

叶片、花梗的雕刻可处理较大的创伤,削去叶宽1/2—3/5的叶片至根盘处,纵刺花梗基部至根盘处。

此法适用于茶壶形、桃李形等的雕刻,以保留鳞茎球完整、美观的观赏面,培养出理想的造型。

此法雕刻难度大,雕刻时容易过重而伤及花梗。水养过程因壶内湿度大,易引叶、花霉烂,出现哑花,故需雕刻细心,养护精心。

以上,雕刻前在选球时可特定其造型,如花篮:选对称有两个小球长出的叶片可对接作为篮提;茶壶:选一粒茶壶形的主球,两侧各有对称小球:一个作为茶壶的冲口,另一个作为壶提。

特殊雕刻法

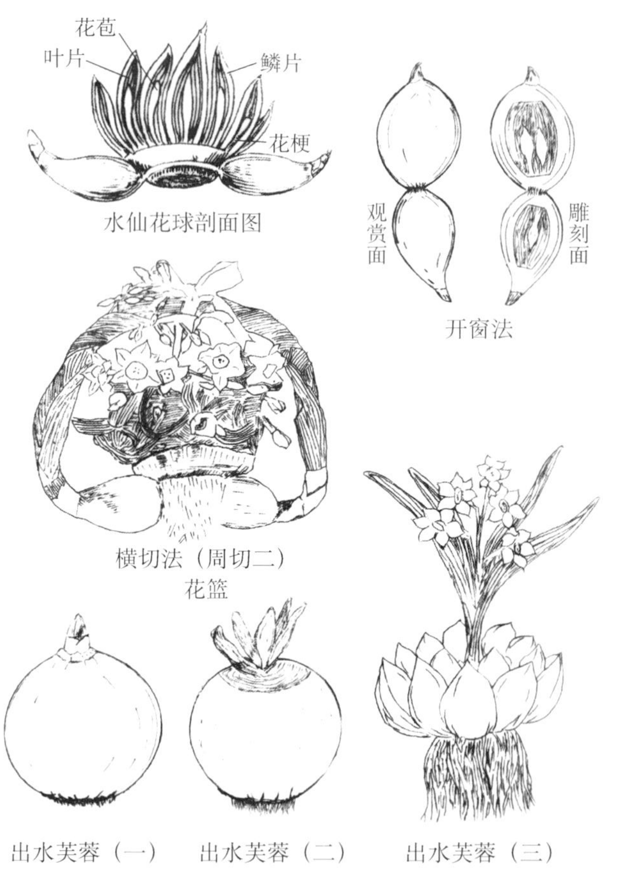

水仙花球剖面图

开窗法

横切法（周切二）
花篮

出水芙蓉（一）　出水芙蓉（二）　出水芙蓉（三）

六、水养基本技法

经雕刻后的水仙球切口向下，在清水中浸泡一天，如使用自来水，可在桶中存放一两天，以清除水中的漂白粉后方可使用），使其充分吸水，让芽体、根点萌动，再用纱布洗净切口流出的黏液。

浸洗过的水仙雕刻球，可用脱脂棉花盖上花球的切口和根部，以使保湿、保温，避免阳光直射造成切口和根焦黄，影响观赏，然后再将其置入相称的浅盆中（雕刻面向上，昂置水养）。特殊造型需特殊水养，如大象型反置水养；花篮、茶壶直置水养。水养时应置于避阳光直射，5天左右，待叶片转绿，就可移置向阳、避风处，每天换水一次并按构思造型随时调整球茎的摆放。南方一般可在室外养育，北方冬天室内有暖气，室温不宜超过20℃，也不要低于5℃，以免受寒冻害。

控制开花可用温水加以调节温度：温暖花期提早，反之推迟。如果掌握好，可应时开花。

七、经典造型实例

孔雀

可选大球体，越大越好，偏扁圆、排花多，旁有3—5个小球以作翅膀，留中间粒以作头部。

雕刻时留球茎2—3厘米斜刻(参考“竖、斜刻法”)，不伤苞芽、花芽，只刮削叶尾。旁小球也雕刻，作翅膀，刮削叶尾。中间小球作头，后壁墙上面刻成莲瓣形为身躯的羽毛。作为头的小球待长高后，叶片上下扎缚，中间嵌入有色纽扣当眼睛，并将多余的部分剪短作为孔雀嘴，再用3—4支小珠插(塑料球插有大头针)装饰其冠部。

水养时采用正置直养，晒阳光。

孔雀开屏满山春

茶壶

雕刻造型参阅“掏心法”。

葫芦

选主鳞茎和侧鳞茎都肥大，主、侧鳞茎生成钝角的水仙球。

从观赏面的背后采用“开窗法”进行雕刻，以利用雕刻面长出的叶、花的处理转向观赏面，点缀观赏面的葫芦。

茗壶秀色

葫芦献瑞迎春归

花篮

雕刻技法可参阅“横切法”雕刻。

选一粒20庄或30庄、花箭多、饱满的水仙球，并有一对称的侧芽花头，这两侧小球不雕刻，水养后长出叶子(或带有花)，可将两边的叶、花绑在一起作为篮提。

银蛇

选三粒连体球，剥弃外表棕色干鳞，上盆培养，利用叶片制作成蛇，即在叶片(4—5片)中间插入一条小银丝，并与叶片叠合，用带色的塑料带(中有小铜丝的那种)各扎成弯曲形的蛇体，顶端再用泡沫塑料剪成三角形扎为头部，中间嵌入塑料球，点缀成蛇眼。最后再用红色塑料片(或丝)制作蛇舌。可命名“金蛇狂舞”等。

花篮迎春

银蛇舞春

双丽并妍

芙蓉

选用中下级或二年生花头，无脚芽的球状鳞茎。

将花球的枯根及多余的脚除掉，用“横切法”将鳞茎顶端至根盘，上端1/3鳞片切弃，保留中间最壮的顶芽，球体浸泡水两天，然后上盆，阳光下正置培养，养至花、叶长出时，再将每层花球白鳞片均分八片，一片一片交叉剪成莲瓣，然后头部泡水，鳞片自然展开，开花前用手将花茎两边的叶片捺开，让叶端稍下垂，并在花梗基部纵刺伤(花茎必须低于叶，才成出水芙蓉)。

八、水仙绽放赏析

▲ 中国电信“水仙花雕刻艺术”电话卡

我国第一套水仙花电话卡是由福建省电信局于1993年6月发行的，现已是十分难得的收藏珍品。

2004年4月发行的中国电信电话卡《水仙花雕刻艺术》面世，全套12枚，设计十分精美。无论是设计、雕刻还是摄影者都是水仙花故乡漳州籍人。

锦上添花

桃李争春

孔雀献瑞

清谷鹤鸣

宝葫生花

雄鸡报晓

戏水金鱼　　盛世龙腾

出水芙蓉

孔雀开屏

太平景象

迎春花篮

这套以《水仙花雕刻艺术》为主题的电话卡，对于海内外、港澳台侨胞的水仙爱好者和收藏家，既具有很高的收藏和欣赏价值，又是不可多得的艺术珍品。

2005年，中国卫通发行了乙酉鸡年的《中国水仙花雕刻艺术》福星卡，为卡坛锦上添花。

中国卫通福星卡

水仙花邮票

多花水仙(重瓣)

▲ 水仙花邮票

邮电部于1990年马年元宵节向全国发行以漳州市“市花”为题材的“水仙花邮票”。

这套“水仙花邮票”共有4枚,图案分别为“金盏银台”、“千瓣素影”、“瀑布迎春”、“玉蕊满堂”。

▲ 多花水仙

这是一幅重瓣水仙花照片,一枝花箭(花芽)开出13朵花(含2个待开的花蕾)。

这株水仙鳞茎球围径19.5 cm,茎基部至花朵44.5 cm,叶片最宽处2.9 cm,花枝粗处围径5.5 cm。

▲ “双胞胎”水仙

水仙的花箭，一般从叶丛中只抽出一支，而这株“双胞胎”水仙，却从芽体中间同时抽生出两支花箭（花芽），共开出12朵花。据了解，这“双胞胎”水仙实属罕见、奇特。

双胞胎

“太空”水仙

▲“太空”水仙开花了

2003年12月30日，一批以特快专递从漳州邮寄北京、青岛等地的经雕刻水仙花球，由于收件人“搬迁”或“查无此人”等原因被退，2004年1月14日领回。这些雕刻的水仙花已在纸箱内存放了16天之久，试着重新登盆，室外栽培（水养），其间，还经历了特寒和雨淋，但这些水仙终于在2月11日开始开花，而且居然还长得不错。

由于这些经雕刻的水仙花球是用特快专递邮寄，“坐”上了飞机，故被称为“太空”水仙，存放在纸箱内长达16天之久还能开花，实属一种尝试，令人惊喜和慨叹！

同枝异花·状元、重瓣

一枝开出两种花

▲ 同枝开出两种花

水仙品种通常开出与品种特定性状的花朵，而一枝开出两品种花实为罕见。笔者于2004年12月底曾拍摄到同一花枝上开有“状元花”(即“状元水仙”)和重瓣花。

2005年1月2日，笔者也拍摄到一枝变异水仙花，在这同一花枝上开有重瓣和单瓣两种花，其中，单瓣已开4朵花(另一花蕾未开)；重瓣已开3朵花(另两花蕾未开)。

▲ 并蒂水仙

单瓣的水仙品种偶见两朵花合为一体而开。

并蒂花▲

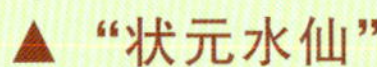

▲ “状元水仙”

这株水仙在生长发育期，因受环境等因素的影响，花筒、花被、副冠发生特殊变异，原来6个白色的花被变成绿色的花，成簇状形6朵，没有花筒、花被、副冠，是较少见的，万株中有时也难找到一株。

2005年元旦，漳州施峥烽对水仙花头进行了雕刻造型，而直到1月17日发现其中有一粒是绿色水仙（水仙变异，

状元水仙▲

又称“状元水仙”)花球。

这粒经雕刻的“状元水仙”一共有7个花箭。通常,花箭上长有好几朵淡绿色的小花(笔者曾见到8朵小花),花的直径可达3.5厘米不等,每朵小花还长有密集型簇状花。

“状元水仙” 的花球与普通水仙花球一样,只因在生长发育期,受到环境等因素的影响,发生了特殊变异。

“状元水仙”的花枝已是很少见,而经雕刻的“状元水仙”花球更极罕见。

漳州电视台曾拍摄过此盆经雕刻的“状元水仙”,并于2005年1月下旬和2月上旬先后在福建电视台和漳州电视台播放。

▲ 水仙金三角

通过单瓣水仙变异选育培养成功的新品种:每朵小花的黄色副冠一分为三,不同于原来的杯状副冠。

▲ “状元水仙”花球雕刻

▼ 金三角

编　后

水仙为我国十大名花之一，也是福建的省花，漳州的市花。近代，中国水仙的主要产区在福建漳州。漳州由于地处亚热带，土地肥沃，气候温暖，适合于水仙的栽植，赢得了“天下水仙数漳州”之美称。

在我国民间，每逢新年人们都喜欢清供水仙，作为“年花”。海外侨胞、港澳台同胞也极喜爱这种花卉之佳品，许多人在异国他乡仍保留着供年花的传统。他们看到了水仙花，就想起了自己的祖国、家乡和亲人。水仙花成了友谊、幸福、吉祥如意和喜气盈门的象征。“……在这里，人们可领略漳州水仙花清雅幽香的风采和高超的雕刻造型技艺，恭喜发财、凌波仙子报春来、出水芙蓉、玉象荣归、鹤鸣湖畔、金鱼漫游、秋色肥蟹、玉壶春色、鸳鸯戏水、凤求凰、金鸡报晓、孔雀开屏……一盆盆清秀美丽、洁白可爱的水仙花盆景，带来沁人心脾的芳香”(摘自《人民日报·海外版》1998年10月12日)。

在谈及“水仙花邮票”的设计体会时，万维生先生深情地说，在我国辽阔国土上评出十大名花，九种都是南北到处生根开花，唯独水仙花生长在僻壤小山坡，但它却挂榜名花之列。它花开大江南北，香飘五湖四海，在国际上被冠上“中国水仙”的盛名。

人们赞誉水仙一青二白，所求不多，只清水一盆，并不在乎于生命短促，不畏惧刀刃的“创伤”，不屈服于严寒的“凌辱”，始终洁身自爱。爱花的人这样评价它：“在生命里，有时候伤害也是一种美丽，就像漳州的水仙花！”

水仙花的雕刻造型艺术是通过作者的审美情趣，巧妙地运用雕刻的手段，展示美好追求和理想的具象艺术。本书融水仙花雕刻造型的知识性、艺术性和欣赏性为一体，以供水仙雕刻初学者和爱好者参考学习，向读者展示一些可供欣赏的作品图片，特别是中国水仙雕刻艺术师的精湛作品欣赏，希望这些栩栩如生、多姿多态的图片能带给广大读者一份绿意和温馨，真正得到美的享受，欣赏“凌波仙子”风韵、姿容，也让这种“伤害”的美为您的生活、环境锦上添花！

本书在编写过程中，得到了中国水仙雕刻艺术大师林旺水、刘丽雪、蔡树木以及陈庆周先生、沈福加先生的大力支持，施峥烽的电脑制作，我们谨在此表示感谢！

本书付梓之际，我们特别感谢《中国花卉盆景》杂志社社长兼总编辑、中国盆景艺术家协会终身会长、香港世界著名艺术家联合会名誉会长苏本一先生为本书作序；对郑煜老师、刘芳林老师的大力支持、热情帮助深表敬意！

本书旨在抛砖引玉，相互交流，若有疏漏和不妥之处，敬请读者批评指正。

黄君卫　施德勇

2009年10月于漳州